AF360634

DE L'EXPOSITION

de 1827

ET DE SES RAPPORTS

AVEC

l'Agriculture, l'Industrie et le Commerce.

DE L'EXPOSITION

DE 1827

ET DE SES RAPPORTS

AVEC

l'Agriculture, l'Industrie et le Commerce,

Par SAINT-ESTIENNE,

Ancien Négociant-Fabricant de Châles,

Rue Neuve-St-Eustache, N° 32.

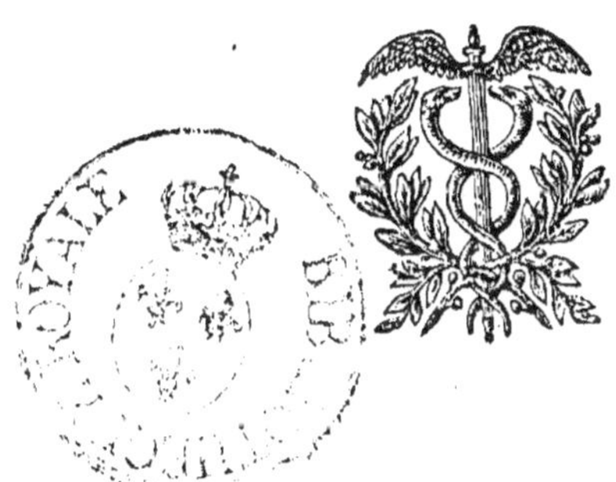

PARIS.

ÉVERAT, IMPRIMEUR-LIBRAIRE,

rue du Cadran, N° 16.

1827.

DE L'EXPOSITION

DE 1287

et de ses Rapports

AVEC

l'Agriculture, l'Industrie et le Commerce.

L'exposition au Louvre du produit des manufactures a excité une très-grande émulation parmi les fabricans français; elle est venue à propos stimuler leur ardeur; et la rivalité a fait naître spontanément beaucoup de perfectionnemens et d'améliorations qui seraient restés long-temps inconnus.

Il ne fallait rien moins que cet élan donné par le gouvernement pour ranimer les fabriques et les manufactures françaises depuis long-temps comprimées, d'abord par la guerre pour l'indépendance des États-Unis, et ruinées ensuite par un traité de commerce dont les Anglais avaient calculé avec soin toutes les chances à leur profit.

M. de Vergennes, en signant ce traité, crut qu'il suffisait de frapper d'un droit de 15 pour o/o les produits des manufactures anglaises pour en empêcher l'introduction; il ne calcula pas que les fausses déclarations réduiraient ce droit au plus à 10 pour o/o, et que la fraude, qu'on n'était pas alors en mesure de réprimer, achèverait de rendre nul cet avantage prétendu de 15 pour o/o. Ce n'est pas tout encore, il ne vit pas que les Anglais, qui, déjà bien avant cette époque, avaient commencé à mettre en œuvre ces machines et ces mécaniques que nous voyons maintenant adoptées avec tant de succès dans tous les ateliers et les manufactures, bien qu'elles fussent encore fort éloignées du degré de perfection où nous les voyons arrivées de nos jours, ne laissaient pas d'obtenir, par leur emploi, une économie qui les mettait à même de fournir à 25 ou 30 pour o/o, meilleur marché que nos propres fabricans.

Aussi, dès cet instant, la France fut inondée de tous les produits des manufactures anglaises; nos foires, nos marchés, nos places de commerce n'offrirent plus à la consommation des Français que des marchandises anglaises : les fabricans français, attérés par ce coup inattendu, furent quelque temps dans l'impuissance de faire tête à l'orage, et de lutter contre de si forts adversaires; mais, après ces premiers momens de stupeur et d'abattement, les villes de Rouen, d'Amiens et de Lille, qui avaient le plus souffert de cette introduction excessive, cause de la ruine de leurs fabriques de velours de coton, de nankinet et de cotonnade, sentant la nécessité d'employer les mêmes moyens économiques pour obtenir le même résultat, ne tardèrent pas à monter des machines et à élever de grandes fabriques qui les mirent à même d'opposer une digue au torrent de l'introduction.

Déjà on commençait à ressentir les heureux effets de ces nouveaux procédés, qui ne faisaient que de naître, mais avec une ardeur telle, qu'elle avait déjà considérablement diminué tous les avantages que les Anglais retiraient de ce traité de commerce lorsque la révolution. qui mit en jeu toutes les passions, et ne laissa plus aucun frein à la malveillance, en éveillant la jalousie des petits contre les grands, vint allumer les torches qui mirent le feu aux barrières des villes, aux châteaux et aux grands établissemens de filature à la mécanique. Les principaux négocians furent égorgés sur les échafauds, ou forcés d'abandonner leurs ateliers et leurs fabriques pour sauver leurs têtes, en allant chercher un asile dans l'étranger, époque bien plus funeste à l'industrie française que celle de la révocation de l'édit de Nantes. La loi du *maximum* qui vint taxer le prix de toutes les marchandises et de tous les produits du sol acheva la ruine du commerce, de l'agriculture, et amena la famine.

La guerre étant devenue ensuite la seule occupation

des Français, le peu de bras qui resta, aidé du travail des femmes, suffit alors aux besoins de la population. L'esprit militaire qui avait fait asseoir un soldat sur le trône de France, déversait le mépris le plus insultant sur les commerçans qui n'étaient plus qualifiés que de *pékins* (1) : nos ports étaient si étroitement bloqués qu'ils ne pouvaient plus exposer en mer une simple barque de pêcheurs : tous les neutres en étaient exclus, et des décrets fulminans, lancés à l'improviste de Milan ou de Berlin, faisaient brûler les marchandises étrangères, achetées, payées ou assurées par des Français qui se hasardaient à les faire venir en échange de nos vins, de nos huiles ou des produits de nos fabriques de soieries; cependant, comme il était impossible de se passer d'une infinité d'articles que notre sol se refuse à produire, le gouvernement imagina le commerce par licences, et finit par se le réserver exclusivement, en créant à son profit une administration dont il n'eut pas honte de qualifier le chef du nom de ministre du commerce de France, et dont les attributions se bornaient à livrer

(1) Il me souvient qu'ayant rencontré un jour, dans une société, un jeune vélite, qui depuis trois mois seulement était entré dans son corps alors en garnison à Versailles, comme je le complimentais de ce que son régiment était dans une si jolie ville, me répondit: « Oui, la ville est fort belle, mais bien triste ; on ne rencontre dans les rues que quelques pékins. » Surpris de cette réponse, dont je feignis de ne pas comprendre la signification, il me dit naïvement: « Nous autres militaires, nous nommons ainsi tout ce qui n'est pas militaire. »

aux Français (1) le coton à 8 francs la livre , le sucre à 6 francs, le quinquina à 150 fr., la vanille à 500 f., et tout le reste à proportion.

Les manufactures privées de bras, et réduites à faire venir par terre, de Constantinople et de Naples les cotons dont elles ne pouvaient se passer , essayèrent de remettre en usage le système des mécaniques qui n'avait pas fait de grands progrès en France , par suite de la longue interruption de ses rapports avec l'Angleterre. A l'aide du colosse monstrueux du blocus continental , elles parvinrent à débiter leurs produits aux nations vaincues par la force des baïonnettes ; mais l'excès de la violence occasionna le soulèvement général des nations : la France fut envahie, et son commerce bouleversé de nouveau. Il était réservé aux Bourbons , à ces constans amis de la gloire et du bonheur des Français , de faire refleurir l'agriculture et le commerce qui s'étaient éclipsés avec eux ; leur heureux retour , en ramenant la paix en France , a fait renaître le système d'encouragement du commerce , appuyé sur la charte, monument impérissable de la sagesse et de l'expérience de ce roi qui nous l'a si libéralement octroyée , et dont le règne aurait été de trop courte durée si , en mourant , il n'eût déposé sa couronne sur le front d'un frère

______

(1) Le coton vaut actuellement 16 sous la livre, le sucre 24, le quinquina 10 fr. et la vanille 75.

héritier de toutes ses vertus , de ses grandes pensées , de son amour pour son peuple et de ses constans efforts pour réaliser les heureuses destinées de son royaume , appelé par la Providence à tenir le premier rang parmi les nations les plus commerçantes de l'Europe.

Les étrangers, accourus à notre dernière exposition pour juger de l'état de nos fabriques et de nos manufactures , surpris de l'immensité et de la variété de leurs produits , ont été forcés d'admirer les progrès infinis d'une industrie qui étalait à leurs yeux tant de chefs-d'œuvre divers , en désespérant de pouvoir jamais les imiter ; mais ce serait une bien grande erreur de croire que ces chefs-d'œuvre de goût et de travail pussent seuls contribuer au développement nécessaire au commerce que les Français, favorisés par la richesse de leur sol , par leur caractère et par la sollicitude paternelle du gouvernement , sont appelés à faire dans les quatre parties du monde.

Il ne faut pas se dissimuler qu'il n'est qu'un bien petit nombre d'individus en état d'acheter ces superbes tentures des Gobelins , ces magnifiques tapis de la Savonnerie , ces riches tissus où l'or et l'argent sont travaillés avec tant d'art ; ces dentelles , ces broderies que tout le monde admire ; ces magnifiques services d'argenterie, ces pendules, bronzes , porcelaines , qui charment autant par la richesse du travail , que par le goût exquis , qui préside à leur confection.

Il a pu être nécessaire de donner , par nos premières expositions, l'essor à ce luxe, et d'inspirer du goût pour ce qu'il y a de plus beau et de plus parfait : mais, comme ces chefs-d'œuvre ne peuvent être achetés que par les princes et par les grands, ils ne doivent pas seuls être l'objet des expositions dont ils font l'ornement : presque tous sortis des ateliers de la capitale, ils sont pour elle de la plus haute importance, parce qu'ils fournissent aux besoins des nombreux ouvriers qu'elle renferme ; mais il faut à la France un bien plus grand développement d'industrie, pour occuper tous les bras laborieux qui demandent à être employés : il faut qu'elle mette à profit tous les avantages qu'elle possède, qu'elle puisse guider leur aptitude vers tout ce qui peut être utile à son commerce : produits du génie, du sol et de la main, il faut qu'elle s'empare de tout, et qu'elle fournisse tout à tous les peuples de la terre ; il faut que, prenant pour base immuable du commerce, ce principe mis en avant par l'habile ministre qui est heureusement parvenu à la tête de l'administration du royaume, elle puisse livrer ses produits, non-seulement à bon marché, mais encore à meilleur marché (1) qu'aucun autre

(1) Louis XVIII était déjà tellement pénétré de cette vérité, qu'il ne suffit pas de bien faire, mais qu'il faut encore faire à bon marché, que, lors de la visite qu'il fit à la dernière exposition, il disait à un fabricant de châles, qui lui faisait remarquer la beauté de ses produits : « Cela est très-beau, mais est-ce à bon marché ? etc. » Sur la réponse qui lui fut faite, il répliqua : « Faites bon marché, faites bon marché. »

de ses concurrens : alors , et seulement alors , toutes les interdictions et les protections spéciales voulues ou accordées par les puissances étrangères, ne seront plus un obstacle à ses débouchés.

Il importe donc que le gouvernement , dont la vigilance et la sollicitude paternelle embrassent tous les Français, fixe plus particulièrement ses regards sur les objets d'un usage universel , et qui , par leur peu de valeur , sont à la portée de tout le monde.

C'est en encourageant les fabriques de ce genre de produits, qu'il parviendra à accroître à l'infini notre commerce d'exportation , lequel peut seul fournir aux besoins de cette multitude de bras, toujours croissante d'un bout de la France à l'autre : ce n'est pas assez d'avoir mis nos fabricans et nos manufacturiers à même de montrer qu'ils pouvaient, quand ils voulaient, égaler tous nos rivaux dans tous les genres d'industrie, et les surpasser dans la plupart ; il était nécessaire de commencer par là , pour ranimer et exciter l'industrie. Maintenant tous ses efforts doivent tendre à lui donner une bonne direction , en l'excitant et en l'encourageant à perfectionner et à introduire la plus grande économie dans tous les genres de fabrication, à l'effet d'arriver le plus tôt possible au but, c'est-à-dire à pouvoir livrer à meilleur marché.

Ce n'est pas parce qu'un fabricant aura fait tout exprès, pour l'exposition, un très-beau châle, un superbe drap, un magnifique ouvrage d'orfèvrerie, qu'on devra lui décerner le prix d'honneur ; il vaudra mieux le donner à celui qui sera parvenu à pouvoir livrer habituellement au commerce, le plus beau et le meilleur drap, au plus bas prix ; à celui qui aura trouvé le moyen de fabriquer à meilleur compte qu'aucun autre, par la supériorité de ses procédés, une étoffe quelconque de soie, laine, fil ou coton ; à celui qui pourra livrer à meilleur marché les tissus, les rubans faits de ces diverses matières, les gants, les chapeaux, les souliers, la bêche, la lime, la scie, le couteau, le ciseau, le clou, l'épingle, la marmite, le chaudron, la lampe, les mouchettes, le miroir, le hochet, le joujou d'enfant, le papier, les livres, et jusques aux almanachs ; enfin tous les articles indistinctement, qui sont de la consommation la plus générale, et à portée des plus petites bourses, car c'est là où est la consommation, et nécessairement le plus grand emploi de bras.

Il me semble que la première opération du jury est de se faire rendre compte des procédés, à l'aide desquels on est parvenu à porter l'économie et l'amélioration dans la fabrication, et qu'après avoir pris connaissance exacte des faits, il doit la récompense à celui qui aura pu justifier que le prix auquel il pourra livrer son article au commerce, est bien celui qu'il annonce, et non pas un leurre, comme cela s'est vu à la dernière exposition, où un fabricant, qui avait occupé à lui seul une vaste salle du Louvre, avait affiché des prix bien au-dessous de celui auquel il aurait pu livrer.

Après avoir ainsi excité l'émulation de tous les fabricans, par des récompenses solennelles, il est heureux que le gouvernement continue à faire de nouveaux efforts pour encourager l'agriculture, en favorisant de tous ses moyens la multiplication des canaux de navigation et d'irrigation, qu'il invite à la recherche de nouvelles mines, et qu'il ne cesse de provoquer par tous les moyens qui sont en son pouvoir, la plus grande reproduction possible des matières premières, selon la nature du sol ou de l'industrie des habitans, en évitant essentiellement qu'ils se laissent entraîner à des systèmes erronés.

En effet, ce n'est pas aux propriétaires de la Bretagne, de la Normandie ou de la Champagne, qu'il peut convenir de planter des mûriers blancs, pour élever des vers à soie ; il est notoire que, quelque succès que puissent avoir ces plantations, elles ne pourront jamais rivaliser avec celles qui existent, et que l'on peut centupler dans le midi de la France ; la dépense pour obtenir la soie, sera au moins aussi élevée que dans le midi, la quantité moins considérable, et la qualité bien inférieure, et de plus, les mains occupées à tous les soins nécessaires qu'il faut apporter depuis la reproduction de la graine, jusques à la confection de l'écheveau de soie, bien moins exercées à ce genre d'occupation, seraient découragées long-temps avant d'avoir pu atteindre l'expérience de celles qui pratiquent ce travail depuis un temps immémorial : c'est donc en Provence, en Languedoc, dans le Bas-Dauphiné, la Touraine qu'il convient d'encourager la culture des mûriers, l'éducation des vers à soie, la filature des cocons ; c'est dans les Cévennes, dans le Vivarais, dans le Forez et le Lyonnais, où il est utile de stimuler les fileurs pour arracher au Piémont la supériorité que ses organsins ont acquise en Europe, et qui les fait préférer aux nôtres, en excitant les capitalistes de ces contrées à faciliter de leurs capitaux l'établissement des grandes mécaniques, pour organsiner les soies, en assurant une prime à celui qui parviendra à approcher le plus possible, de la perfection des organsins de Piémont, qui, restant ainsi relégués aux seuls articles où l'on ne pourra se passer de les employer, ne feront plus sortir de France des capitaux immenses, et nous n'aurons presque plus de soie d'aucune espèce à acheter à l'étranger.

Il en sera de même pour les oliviers, pour cet arbre précieux que les Grecs avaient consacré à la déesse de la sagesse et des arts ; il est notoire que la Provence voit croître sur son sol sec et pierreux les oliviers de la plus belle espèce, et que, bien que l'intérêt des propriétaires les porte naturellement à augmenter chaque jour la culture d'un arbre si productif, nous sommes loin de recueillir la quantité d'huile nécessaire à notre consommation de bouche, à celle de nos fabriques à savon et autres; que la Guienne, la Bourgogne, la Champagne et l'Orléanais reçoivent aussi des encouragemens pour la culture de leurs vignobles; le Périgord et la Saintonge pour leurs distillations d'eau-de-vie; le Berri, la Champagne et la Bretagne pour l'éducation de leurs troupeaux et bêtes à cornes; l'Anjou pour ses mulets, la Normandie pour ses chevaux, la Flandre et l'Alsace pour leurs lins, leurs graines oléagineuses et leur garance; la Franche-Comté pour ses fromages, etc.

Il est nécessaire que, dans chaque département, les préfets et les conseils généraux qui sont à même d'apprécier le genre de culture qui convient le mieux à leur sol, veillent sans cesse à étendre et à améliorer ses produits; alors nous n'aurons bientôt plus besoin des organsins du Piémont ni des soies du Levant, ni des huiles de Port-Maurice et de la Canée, ni des laines d'Espagne, ni des bœufs et des moutons de l'Allemagne ou de la Suisse, ni des chevaux de Westphalie, ni des cuirs de Buénos-Aires, ni des suifs et des goudrons de Russie, ni des fers de Suède, ni des aciers d'Allemagne et de Carinthie, non plus que des bois du Nord. Et si notre sol se refuse à faire naître les produits qui ne peuvent réussir que dans les climats brûlans de l'Afrique et de l'Amérique, si nous ne pouvons cultiver avec succès les épiceries de l'Asie, que le gouvernement favorise, autant qu'il

est en lui, l'émigration des Français et l'établissement
de comptoirs dans ces diverses contrées, pour y opérer directement avec les naturels du pays l'échange
de nos produits contre leur sucre, leur indigo, leurs
gommes que nous pourrons revendre avec avantage
aux autres nations de l'Europe.

Quand l'agriculture aura été ainsi améliorée, ce
qui sera un grand pas de fait, s'il est vrai que notre
sol nous rapporte, exclusivement les vins, les huiles,
et une infinité d'autres articles, si nous récoltons
assez de laines, de soies et de lins pour alimenter
toutes nos fabriques, si nous nous procurons les cotons et les articles de teinture à aussi bon compte que
nos concurrens; et si par l'immense quantité de nos
chutes d'eau, par nos usines, nos machines, nous
établissons la main-d'œuvre à aussi bon compte qu'aucune autre nation commerciale de l'Europe, il nous
sera facile d'obtenir une préférence forcée dans tous
les marchés du globe, d'abord, par notre heureuse
situation sur l'Océan et la Méditerranée, qui, en nous
donnant des ports excellens sur ces deux mers, nous
offre un débouché et des arrivages faciles, par la supériorité de notre goût, la variété et la bonne fabrication de nos articles manufacturés; enfin, par une
tendance de tous les peuples qui les porte naturellement à accueillir ce qui leur vient des Français,
de préférence à ce que leur fournissent les Anglais,
tant par la réputation méritée et reconnue de la su-

périorité de leur goût que par l'abus du monopole
exclusif des Anglais , dont les peuples étrangers ont
été souvent révoltés en voyant sur les lieux leurs efforts pour écarter toute concurrence et leurs manœu-
vres qui consistaient tout simplement à baisser tout
à coup le prix de leurs marchandises dès qu'il abor-
dait un navire français, sans se mettre en peine de la
perte qu'ils éprouvaient , et dont ils étaient sûrs de
se dédommager bien amplement en faisant remonter
le prix de leur marchandise plus haut que jamais,
dès que le navire français serait parti , sachant par
expérience qu'il serait long-temps à reparaître à un
marché où il avait éprouvé de grandes pertes.

La France , favorisée de tant d'avantages, n'a rien
à envier ni à craindre d'aucune autre nation ; et les
Français, pour atteindre au plus haut point de prospérité , n'ont qu'à l'attendre du temps , de leurs excel-
lentes institutions , des sages encouragemens du gouvernement et des chambres. L'émulation qui leur est
naturelle les y fera bientôt arriver , si toutefois ils ne
veulent pas aller plus vite qu'il ne faut, et mettre à
leurs entreprises et à leurs spéculations, la prudence
nécessaire. Que la crise terrible que vient d'éprouver
le commerce, sur toute la surface du globe, soit un
flambeau précieux qui les éclaire sur les illusions
d'une trop grande ambition, et leur serve de leçon
sur les dangers de trop compter sur les ressources du
crédit, l'exagération excessive des Anglais , basée sur

l'immense quantité de leur papier-monnaie, ne leur permit pas d'en voir les inconvéniens; ils crurent pouvoir impunément livrer leurs capitaux effectifs à des opérations extrêmement longues et aventureuses, sans se douter que l'effet immodéré de leur immense crédit serait la cause de sa ruine. Il est constant que cette crise a fait perdre au commerce anglais plus de la 1/2 de son capital, savoir : 25 pour o/o au moins sur les avances qu'il avait faites, et 25 pour o/o sur les marchandises, tant existant en nature que fabriquées. Après une pareille catastrophe, il est permis de dire que le discrédit, suite inévitable de cet ordre de choses, joint à l'accroissement général de l'industrie en Europe, ne permettra jamais plus aux Anglais de relever leur commerce, quels que soient les efforts que puisse faire leur gouvernement, affligé déjà d'un déficit de 10 pour o/o dans ses revenus, tandis que la France voit accroître le sien de 6 pour o/o. En effet, les discussions qu'amena parmi nous la loi du 3 pour o/o, ayant ouvert les yeux à tous les capitalistes de l'Europe, leur firent voir le précipice qui s'ouvrait sous leurs pas ; ils voulurent alors retirer leurs capitaux ; et de cette mesure, dictée par la prudence, est venue la ruine du commerce anglais qui s'est manifestée spontanément par les faillites des premières maisons de Londres et des villes manufacturières, par le renversement des banques particulières, par la banqueroute de presque tous les établissemens et des agens qu'ils avaient dans les quatre parties du monde.

Cette circonstance unique dans l'histoire du commerce qui s'est trouvé tout à coup ébranlé partout, a affecté plus particulièrement les pays où les Anglais avaient le plus de relations, et surtout l'Amérique. Tous les gouvernemens de ces républiques naissantes qu'ils avaient encouragées, en facilitant les emprunts qui les avaient soutenus, ne trouvant plus chez eux à en contracter de nouveaux pour faire face à leurs dépenses et à l'intérêt de leurs premiers emprunts dévorés d'avance, sont dans l'impuissance de rembourser jamais les capitalistes anglais.

Les journalistes anglais, malgré leur nationalité, ont beau dire que les affaires reprennent chez eux avec activité, que les manufactures travaillent, et que la confiance renaît; ils n'abuseront personne, la stagnation de leurs marchés, l'émigration continuelle de leurs ouvriers, la détresse de ceux qui restent, et les charges énormes que fait peser sur la nation anglaise un gouvernement dont les dépenses excessives n'ont pu se soutenir dans le temps même de sa prospérité qu'à l'aide d'emprunts continuels, sont des signes certains de la décadence et de l'anéantissement de leur commerce.

En effet, aujourd'hui que tout le monde raisonne et voit clair dans ses intérêts, les illusions cessent pour faire place aux vrais principes : la sainte-alliance a fixé les bases de l'ordre public sur la légitimité; la paix dont jouit l'Europe, qui n'a pu être troublée par tous les efforts réunis des perturbateurs, a démontré l'efficacité de ce système.

Chaque nation doit rester ce qu'elle est, et aucune n'a de droits ni de priviléges sur une autre ; il résulte de là que toutes les nations sont également appelées au commerce du monde, qui n'est plus qu'un marché universel où chacun peut exposer ses produits, et où il n'y a plus d'autre préférence que celle que procure le *bon marché :* chaque peuple a le droit d'y prendre sa part en raison du produit de son sol, du génie et de l'industrie de ses habitans, et de sa position sur le globe.

Considérons en particulier chacun de ces points généraux, et, commençant par l'Angleterre, voyons quels sont les avantages qu'elle peut conserver sur les autres nations, en raison du produit de son sol.

En première ligne, il faut placer les objets de bouche qui sont partout le premier besoin de la consommation ; sont-ce les céréales ? elle n'en produit pas assez pour nourrir ses habitans ; la question qui s'agite en ce moment avec tant d'aigreur entre la chambre des pairs propriétaires du sol, et la chambre des communes, représentant le peuple anglais, en est la preuve manifeste ; sont-ce les vins ? elle n'en produit pas une goutte ; mais, me dira-t-on, elle fabrique avec les grains du pays une immense quantité de bière qui suffit non seulement à la boisson

2

de ses habitans , mais encore à une immense exportation à l'étranger ; je le demande, cette grande exportation existera-t-elle encore lorsque le vin pourra
être livré partout au même prix que la bière? Si je
descends à des objets de moindre importance , telles
que les huiles à manger, en trouvera-t-on une seule
goutte dans un pays où un olivier est montré comme
une curiosité? Est-ce le beurre, les fromages, les
viandes et les poissons salés? Non, elle ne pourra livrer ces articles au commerce à aussi bon compte
que les Hollandais , les Danois et les Suédois; or,
il est démontré qu'elle ne pourra se présenter avec
avantage à aucun marché du monde pour les objets
de bouche.

Si j'en viens aux objets de vêtement où elle a montré tant de supériorité , je dirai d'abord qu'elle ne récolte sur son sol ni coton, ni soie, et fort peu de
lins ; elle a , il est vrai, un grand excédant de laines qu'elle sait mettre en œuvre pour les livrer à
son vaste commerce d'exportation ; mais je ferai à ce
sujet une remarque bien simple : personne ne doute
que là où le sol est à plus haut prix, le produit de
ce sol ne doive aussi être vendu plus cher pour in-
demniser le propriétaire ou le fermier, il suit nécessairement de là , que les laines anglaises seront plus
chères que celles d'Espagne, d'Italie, d'Allemagne,
et surtout de France , quand le système généralement
adopté et si fort encouragé par le gouvernement pour

l'accroissement des prairies artificielles , l'augmenta-
tion et l'amélioration des troupeaux, aura pris son
développement; je ne parle pas du commerce des
cuirs et des peaux qui est une conséquence de celui
des laines.

Elle ne récolte pas de soie; mais les partisans de
l'Angleterre ne manqueront pas de dire : Elle sait s'en
procurer à bon compte d'Italie , du Levant, ou du
Bengale, pour alimenter ses nombreuses fabriques ,
et elle craint si peu la concurrence des Français ,
qu'elle vient tout récemment de faire brèche à son
système d'interdiction, puisqu'elle admet dans son sein
toute espèce d'étoffes de soie, en ne les soumettant qu'à
un droit de 30 p. o/o. Je répondrai à cela que rien ne
prouve plus l'infériorité de ses fabriques de soieries et
leur décadence, que cette levée d'interdiction ; en effet,
si ses soieries pouvaient soutenir dans les marchés
la concurrence avec les soieries françaises, il n'y a pas
de doute qu'avec la facilité qu'elle a de se procurer
des soies étrangères, et à l'aide de ses immenses machines, elle aurait pu augmenter à l'infini le produit
de cette fabrication, et fermer les débouchés aux
soieries françaises ou d'Allemagne. Mais heureusement
pour la France, il n'en est pas ainsi, la supériorité
des fabriques de Lyon , de Saint-Étienne et de Saint-
Chamond, comme de celles qui se sont établies en
Allemagne, ont paralysé complètement les manufactures anglaises, et cette nation, si jalouse du com-

merce des autres, n'a voulu que se réserver une porte pour présenter les soieries étrangères qu'elle croyait pouvoir faire affluer chez elle, à l'aide des avances que l'immense quantité de ses capitaux factices (son papier-monnaie) lui permettrait de faire à ceux d'entre les fabricans qui, ne pouvant attendre long-temps la rentrée de leurs fonds, seraient forcés d'avoir recours à leur intermédiaire pour pouvoir continuer leur travail, ce qui, en dernière analyse, la mettrait à même de pouvoir revendre ces mêmes soieries à aussi bon compte que les Français ou les Allemands. Trompée dans ses calculs et dans ses espérances, par la chute de son crédit, elle verra que les fabricans français sauront se passer de ces avances funestes, et qu'ils n'auront pas besoin de recourir à de pareilles ressources pour exporter ou pour vendre aux étrangers, qui accourent à Lyon, à Saint-Étienne et à Nismes, les produits d'une industrie aujourd'hui généralement reconnue pour être la première et la plus avancée du monde.

Je répondrai aux admirateurs de ses fabriques de coton : d'abord, vous reconnaîtrez que cette matière ne se récolte pas en Angleterre, et qu'aujourd'hui toutes les nations peuvent s'en procurer à aussi bon compte qu'elle, en allant la chercher outre-mer dans les pays de production. Je dirai plus, s'il est vrai que les vaisseaux anglais soient construits avec du bois qu'elle est obligée de tirer du Nord ou de l'Amérique,

que tout ce qui constitue les agrès et les apparaux soit plus cher en Angleterre qu'ailleurs ; si ses équipages sont plus nombreux et plus chèrement payés que ceux des autres nations, il y aura pour lors un petit décompte à faire qui augmentera les frais du transport. On pourra m'objecter qu'elle ne va pas le chercher, et qu'on l'apporte chez elle, ce qui a pu être, ce qui était effectivement, alors que l'Angleterre mettant en œuvre à elle seule plus des 4/5es des cotons importés en Europe, pouvait offrir aux producteurs de ce lainage, une vente prompte et des avances de fonds continuelles ; mais maintenant que chaque jour, l'accroissement des fabriques des autres nations diminue le travail des siennes, que par suite de son discrédit, elle ne peut plus faire les mêmes avances, et qu'indépendamment des retours que nous amènent nos exportations, les Américains et les Égyptiens viennent nous en apporter eux-mêmes, il ne reste plus à l'Angleterre d'autre prépondérance, en fait d'articles de coton manufacturés, que l'immense attirail de ses machines, qui lui laisse encore quelque temps une supériorité qui lui échappe chaque jour, et qui est provisoirement fort diminuée par l'élévation des prix de main-d'œuvre ; car, une fois le système des machines uniformément adopté partout, je ne vois plus nulle part d'autre avantage dans la fabrication que pour celui qui fournit la main-d'œuvre, telle petite qu'elle soit, à meilleur compte qu'aucun autre : dès-lors, les articles de coton qui ont été le Pactole pour les Anglais, dans le temps qu'ils exploitaient seuls ce genre d'industrie, ne seront plus pour toutes les nations manufacturières qu'un moyen ordinaire d'occuper utilement leurs bras.

Abordons les objets d'utilité générale, les instrumens aratoires, les armes, la quincaillerie, la mercerie : les Suédois et les Allemands, riches des mines de fer et d'acier qui servent à leur confection, ne pouvant plus compter sur les avances que leur faisaient les Anglais, et sûrs de trouver en tous lieux un débouché facile de produits si nécessaires, ne leur livreront plus ce commerce pour le faire de deuxième main.

Quant aux articles de parure, d'ameublement et de modes, presque tout ce qui sort des magasins anglais, en ce genre, cède humblement le pas à ce qui se fait en France, et s'il leur reste quelques débouchés au-delà des mers, c'est que les nôtres n'y sont pas encore connus.

Que dirai-je de la librairie des Anglais? Obligée de s'exercer sur des ouvrages écrits dans une langue dont la pauvreté atteste l'ignorance de ses créateurs, elle ne peut présenter de concurrence que par quelques livres de sciences exactes, de géographie, de botanique ou des romans; encore, le haut prix de la main-d'œuvre ne peut en faciliter la vente. C'est à la France, c'est à Paris qu'est réservé le privilége de répandre sur toute la surface du globe, et dans une langue adoptée aujourd'hui par toutes les nations civilisées, cette immense quantité de livres qui portent partout les lumières, le bon goût et l'esprit de ses habitans. Après avoir parcouru toutes les diverses branches de commerce, il devient évident que le monopole que l'Angleterre a exercé si long-temps, lui est échappé pour toujours, et qu'elle ne pourra plus jamais le ressaisir.

La France a bien ressenti sa part des effets inévitables de la secousse occasionnée par l'ébranlement qu'a dû produire la violente commotion du commerce en général ; mais fortement constituée par sa richesse réelle, qui repousse toute espèce de papier-monnaie ou de circulation, les capitalistes justement alarmés de ce qui se passait, ont cru, par mesure de sûreté, devoir retirer les fonds qu'ils prêtaient au commerce, d'où il est résulté malheureusement un dommage et des pertes majeures pour les individus qui s'étaient lancés inconsidérément dans des spéculations ou des opérations au-dessus de leurs forces ; mais les seules ressources du sol et les besoins de la consommation locale ont suffi pour entretenir dans toutes les parties de la France, l'essor de l'industrie, et lui faire atteindre le résultat par excellence, qui n'est autre que la plus grande économie possible, dans tous les frais de production et de mise en œuvre.

Ainsi donc, il est démontré que le produit de notre sol, aidé de notre système d'économie, et du génie de ses habitans pour le faire valoir, notre heureuse

position et la sollicitude bienveillante de notre gouvernement nous appellent à avoir une bonne part du
commerce du monde, que les grands succès et la
folie des Anglais ont fait échapper de leurs mains ; à peu
près comme nous avons vu s'écrouler la puissance de
cet ambitieux, qui, marchant de victoires en victoires, en écrasant successivement tous ses voisins,
ne mettant plus de terme à son ambition, finit par
soulever contre lui tous ceux qu'il forçait à le suivre,
réduit lui-même à ne plus conserver de tout cet immense empire, une seule toise de terrain pour y faire
déposer ses ossemens. De même, les Anglais, en voulant forcer toutes les nations à leur livrer à vil prix
les produits de leur sol et à n'acheter que d'eux les objets manufacturés qu'ils leur vendaient à gros bénéfices, finiront comme lui, ne pouvant plus fournir
nulle part un seul article, pas même une aiguille.

CHAPITRE PREMIER.

—

CHALES ET TISSUS.

CHALES CACHEMIRES DE PARIS.

La fabrication des châles a fait, depuis la dernière exposition, des progrès immenses; divers fabricans s'étaient exercés au travail de l'espolin, comme on le pratique dans l'Inde; par ce procédé, les fils de chaque nuance qui dessinent les divers sujets, finissent avec chaque fleur, au lieu que, dans le travail au lancé, le même fil fait d'un seul coup de navette, d'une lisière à l'autre, toutes les fleurs qui sont dans toute la largeur du châle, ce qui nécessite le découpage à la pointe des ciseaux pour faire disparaître la masse des fils qui se trouvent portés à l'envers du châle, alors qu'ils ne sont pas employés au-dessus pour former le dessin. La perte de temps qu'exige ce genre de travail, extrêmement long et dispendieux, n'a pas permis jusqu'à ce jour, de lui donner de l'importance; on s'est occupé plus utilement d'approcher de plus en plus de la perfection des châles de l'Inde, en imitant parfaitement la croisure et le grain du broché qui forme les fleurs ou le dessin. Les améliorations apportées dans le travail ordinaire, dit au lancé, ont rendu cette imitation si parfaite, à l'aide de la mécanique improprement dite Jacquart (1), qu'on ne peut déjà plus distinguer qu'à l'envers un châle fait à Paris, qui vaut 3 ou 400 francs, d'avec un châle de l'Inde qui s'y vend 2000 fr.

On ne s'est pourtant pas arrêté là : les fabricans de châles, comme les artistes français, dont la noble ambition n'est pas satisfaite, s'ils ne surpassent leurs modèles, n'ont pas plus voulu rester en arrière dans cette œuvre de la main que dans les arts du génie ; ils se sont remis avec une nouvelle ardeur au travail de l'espolin, et l'ont perfectionné à un tel point qu'ils présentent à l'exposition de cette année des châles à deux faces, si parfaits d'exécution, que l'œil le plus exercé ne peut apercevoir aucune différence entre le dessin fait à l'endroit ou à l'envers. Ces châles sont, par ce fait, supérieurs à ce qui se fait de plus beau dans l'Inde, et peuvent être livrés au commerce à bien meilleur compte quand on considère que les Indiens sont en possession de faire des châles depuis un

____

(1) La découverte en est due à M. de Vaucanson. Il est certain qu'elle existait déjà au Conservatoire de la rue de Charonne, d'où elle a été transportée par M. Jacquart au Conservatoire des Arts-et-Métiers.

temps immémorial ; ce qui est prouvé par les savantes recherches dont M. Rey a enrichi son ouvrage (1), et qu'il est plus que probable que la reine de Saba en a apporté en présent à Salomon pour la parure de ses femmes ; on ne peut s'empêcher de convenir que les fabricans français ont fait des pas de géant dans cette carrière, puisque depuis trente ans à peine qu'elle a été tentée par M. Bélangé qui conçut l'heureuse idée et exécuta à Paris le premier essai de nos châles, l'on est parvenu à fixer à jamais dans cette capitale un genre d'industrie qui occupe une multitude infinie de bras, et fait déjà entrer en France environ 30 millions, en y comprenant les diverses branches qui se rattachent à cette fabrication.

Quant aux dessins, nous n'avons déjà plus besoin d'imiter ceux de l'Inde ; notre goût, en ce genre, est devenu si parfait, que les Anglais qui, par leurs comptoirs dans le Bengale et leurs relations intimes avec ces contrées, font eux-mêmes les commandes dans les pays où se fabrique le cachemire, ont envoyé des dessinateurs à Paris pour copier les dessins de nos châles et les faire exécuter au Thibet (2).

______

(1) L'histoire des châles.

(2) Cela est si vrai qu'une dame revenant des frontières de la Perse, et voulant à son retour en France rapporter un châle des plus beaux et du meilleur dessin qui se fissent dans le Thibet, a été fort surprise à son arrivée à Paris de voir le même dessin exécuté sur un châle de laine.

CHALES DE LAINE CHAINE-SOIE DITS FAÇON CACHEMIRE.

La concurrence et la rivalité des fabricans, dont le nombre s'accroît chaque jour à Paris, ont poussé la fabrication de cet article à un tel degré de perfectionnement et d'économie, qu'ils peuvent maintenant livrer au commerce, pour le prix de 40 fr., un châle de cinq quarts de large sur deux aunes et demie de long, qui valait encore 150 fr. à la dernière exposition. Cette réduction de prix n'est pas obtenue au détriment de la beauté et de la qualité des châles ; au contraire, ceux d'aujourd'hui sont tout aussi beaux de tissu, et d'un dessin plus joli et plus correct : la diminution est tout entière dans celle des matières, dans toutes les diverses parties, et le perfectionnement de leur fabrication.

Il résulte de là, que les châles façon cachemire se vendent avec le plus grand succès dans les quatre parties du monde. Il est constaté, par les registres des douanes, que leur exportation seule s'est élevée à plus de douze millions, et s'élèvera beaucoup plus, puisque leur consommation se propage chaque jour davantage, même chez les peuples qui habitent les pays brûlans du Pérou et du Brésil, qui les ont adoptés pour parure.

La légère prime accordée par le gouvernement pour l'exportation des châles, a été un appât nécessaire dont il recueille largement le fruit. La fabrication de cet article mérite, à tous égards, une protection particulière, soit à raison de la multiplicité des bras qu'elle emploie, soit par son résultat si avantageux à l'État, puisque, avec une valeur intrinsèque de 3 fr. de laine et 2 fr. de soie, un châle fait entrer 40 fr. dans le royaume. Il serait à désirer que ces considérations majeures le déterminassent à augmenter la prime, et à ne plus l'évaluer en raison du poids des châles, manière fautive, mais en raison de la valeur et du prix de chaque châle, ainsi que cela se pratique pour les draps. Cette amélioration dans la distribution de la prime, est nécessaire pour entretenir la prospérité de ce genre d'industrie.

CHALES IMPRIMÉS.

En outre de cette espèce de châles, il est juste de parler de ceux imprimés sur étoffe de laine dite Escot. Le bas prix de cet article, qui permet aux femmes de la moyenne classe de se procurer pour 50 sous un objet très-joli de parure et de bonne durée, en a étendu la consommation d'une manière prodigieuse, d'abord en France, ensuite dans les quatre parties du monde, où nous en exportons des masses considérables.

CHALES BOURRE DE SOIE.

Les châles bourre de soie, connus sous le nom de

poil de chèvre, qui se fabriquent à Lyon, à Nîmes et à Paris, ont eu une grande vogue. Ils ont été parfaitement goûtés dans la capitale, dans toute la France, en Hollande, en Allemagne, en Italie, où ils ont remplacé les châles anglais. Depuis que, dans leur fabrication, on a introduit beaucoup de coton, il est résulté une grande défaveur pour cet article, dont les couleurs se fanent promptement ; les châles de laine façon cachemire semblent au contraire avoir repris la supériorité qu'ils tiennent de la solidité de leurs nuances, dont les couleurs sont tellement fixes, qu'ils peuvent être mis à neuf plusieurs fois sans aucune altération.

TISSUS DE LAINE.

Les tissus de laine, dits mérinos, ont aussi parfaitement soutenu et agrandi leur réputation. La fabrication de cet article, qui était concentrée aux environs de Reims, s'est étendue dans toute la Picardie et dans les environs de Paris. Les principaux fabricans, animés d'une noble émulation, ont poussé la perfection jusqu'à produire des tissus, dont la finesse est portée au plus haut point, sans rien ôter à la régularité du travail ni à la qualité de l'étoffe. Ils se sont appliqués à apporter dans leur fabrication une économie telle, qu'elle pût faire accueillir ses produits avec préférence, sur toutes les principales places, tant en Europe qu'en Amérique. Ils avaient à lutter contre forte partie; les tissus de laine faits par les Anglais, avec leur laine de pays, et ceux qui se fabriquent aussi en Allemagne, sont livrés au commerce à si bon compte, qu'il a fallu travailler long-temps avant d'avoir pu parvenir à obtenir une diminution dans le prix, qui permît aux étrangers de pouvoir nous acheter nos tissus mérinos dont ils reconnaissent la supériorité par la souplesse et le moelleux qui les distinguent si éminemment, mais dont le haut prix éloignait les particuliers. Aujourd'hui que la baisse des laines et l'économie apportée dans toutes les parties de cette fabrication, ont permis de diminuer leur prix, en conservant toutefois la supériorité de l'étoffe, la consommation de cet article est devenue immense en Italie, en Allemagne, en Angleterre même, et en Amérique.

La prime accordée pour son exportation paraît suffisante au moment pour la favoriser; mais comme elle est évaluée au poids et non à la beauté de l'étoffe, il résulte de là un dommage qui pourra nuire à l'émulation des fabricans.

FILATURE ET TISSUS

DE

Duvet - Cachemire.

Le Jury de la dernière exposition, en décernant aux filateurs de cet article les récompenses les plus honorables, avait pressenti l'importance de ce genre de filature, qui devait porter au plus haut point de splendeur les nombreuses fabriques qui emploient maintenant cette belle matière avec tant de succès.

M. BIÉTRY (LAURENT),

Rue du Faubourg-Saint-Denis, N° 193.

A exposé des fils et des tissus de duvet-cachemire de la plus grande beauté.

Ses fils sont remarquables par une grande finesse, une bonne consistance et une parfaite égalité ; les superbes tissus qu'il fabrique avec ces mêmes fils sont la preuve des soins qu'il donne à sa fabrique, qui tient un rang distingué.

M. HINDENLANG, FILS AINÉ,

Rue des Vinaigriers, N° 1.

M. Hindenlang exposa, en 1823, des fils et des tissus en duvet de cachemire qui lui valurent la médaille d'or et la décoration de la légion d'honneur : encouragé par ces récompenses méritées, il expose cette année des fils et des tissus supérieurs à tout ce qu'il avait fait, et l'on peut encore ajouter qu'il ne paraît pas possible de pouvoir jamais obtenir rien de plus parfait, attendu que ces fils et ces tissus réunissent tout à la fois la finesse, le moelleux et le brillant de la soie.

Il a exposé de plus des tissus de cachemire façonnés, parfaitement fabriqués, remarquables par leur souplesse et la perfection de l'étoffe.

Les écheveaux de fil de duvet de cachemire, étalés dans sa montre, attestent, par leur finesse et leur parfaite régularité, les efforts et l'aptitude de ce fabricant pour obtenir des résultats qui surpassent tout ce qui a été fait de plus beau dans l'Inde.

H. FOSTER STAIR,

A la Chapelle - Saint - Denis.

M. Foster Stair, honoré de la médaille d'argent, à la dernière exposition, pour la beauté de ses fils et de ses tissus, nous montre, cette année, que les en-

3

couragemens qu'il a reçus n'ont pas ralenti son zèle ni son application pour donner des produits supérieurs à ceux qu'il avait déjà présentés.

Les fils qu'il expose sont de la plus grande beauté ; finesse, consistance, moelleux, ils réunissent tout pour être employés avec le plus grand succès dans les meilleures fabriques. Ses tissus ne le cèdent en rien à ses fils.

M. POLINO FRÈRES,

Rue Sainte-Apolline, N° 9.

Ces Messieurs, honorés à la dernière exposition de la médaille de bronze, en récompense des beaux fils de duvet de cachemire qu'ils présentèrent, et des tissus fabriqués avec ces fils, exposent cette année les mêmes articles, qu'ils ont poussés à un haut point de perfection, ce qui atteste hautement les soins que Messieurs Polino apportent aux produits de leur manufacture.

Fabricans de Châles

A PARIS.

MM. BARDON ET SEGRETAIN,

Rue Neuve-Saint-Eustache, N° 32.

Ces fabricans, qui exposent leurs produits pour la première fois, présentent un assortiment de châles cachemires, à l'imitation de ceux de l'Inde, parfaitement fabriqués.

Le bon choix des dessins, et leur belle exécution, feront remarquer tous leurs châles, et leur assignent un rang distingué.

MM. BAYLE ET Cie,

Rue des Fossés-Montmartre, N° 6.

Honorés, à la dernière exposition, de la médaille d'argent, pour les beaux châles cachemire de Paris, qu'ils avaient présentés, soutiennent dignement le rang supérieur où ils avaient élevé leur fabrication.

Moins jaloux d'offrir des châles extraordinaires que de maintenir leur réputation, ils ne négligent aucune des améliorations ou perfectionnemens introduits dans cette fabrication, et continuent de faire de très-beaux châles à des prix très-modérés.

M. BOCQUILLON,

Rue Neuve-Saint-Eustache, N° 13.

Se présente, à l'exposition de cette année, avec la médaille d'or que lui a value la beauté des châles qu'il avait présentés à la dernière exposition.

Élevé ainsi au rang le plus distingué dans la fabrication, il a su s'y maintenir avec honneur, en continuant à fabriquer de superbes châles, faits à l'ancien et au nouveau travail.

M. COLLIGNON,

Rue Neuve-Saint-Eustache, N° 23.

Exposant pour la première fois, présente une belle collection de châles de laine et de cachemires français.

Un bon choix de dessins et une bonne fabrication feront remarquer les produits de ce fabricant.

MM. DENEYROUSE ET GAUSSEN,

Rue des Fossés-Montmartre, N° 60.

Ces fabricans, successeurs de MM. Lagorce aîné et compagnie, qui avaient obtenu la médaille d'or à la dernière exposition, soutiennent dignement la réputation de cette maison célèbre, pour avoir fait, la première, de très-beaux châles cachemire de Paris.

On remarque, dans leur exposition, un superbe châle, commandé pour S. A. R. Madame, duchesse de Berry ;

Un autre, dit arlequin ;

Un carré, à rosaces ;

Et un espoliné, à la manière de l'Inde, mais sans envers ;

De plus une écharpe découpée, aussi sans envers ;

Enfin, une machine fort ingénieuse, de leur invention, pour faire les châles sans envers.

C'est à ces fabricans que l'on doit la découverte d'une nouvelle carte qui produit une grande économie pour le lisage et la perfection des dessins.

MM. DOUINET ET CIE.

Les superbes châles de laine présentés par ces fabricans à la dernière exposition leur valurent une médaille de bronze. Cette maison, placée au premier rang dans cette espèce de fabrication, s'y maintient dignement en exposant cette année de très-beaux châles de laine faits au nouveau travail. Il en est deux surtout, un bleu de ciel, et l'autre gros bleu, remarquables par le bon choix des nuances et la belle fabrication.

Les châles de cachemire français qu'ils présentent sont très-bien fabriqués ; le dessin en est simple, mais du meilleur goût.

Ces Messieurs regrettent de ne pouvoir encore exposer un châle cachemire français d'un nouveau dessin, qui ne pourra être prêt que le 15 août courant.

M. FOUQUET,

Rue Bourbon-Villeneuve.

Ce fabricant expose, comme en 1823, des châles de cachemire d'une très-belle exécution.

Il suit avec distinction tous les progrès de ce genre de fabrication.

MM. GALON FRÈRES.

Ces fabricans s'étaient fait remarquer à la dernière exposition par des châles de cachemire français d'une grande richesse et variété de dessins qui leur avaient valu la médaille de bronze.

Ils exposent cette année plusieurs beaux châles longs et carrés, un entr'autres, fond rouge à rosaces, très-curieux par la richesse et la singularité du dessin qui représente des personnages vêtus à la manière de l'Inde, des ponts chinois, des pagodes, des kiosks, et autres monumens indiens parfaitement dessinés et bien nuancés en petit ; l'ensemble de ce châle original est d'une très-belle exécution.

M. GÉRARD,

A Sèvres, près Saint-Cloud.

C'est là que sont établis les ateliers où ont été confectionnés les beaux châles espolinés à la manière de l'Inde qu'a exposés ce fabricant. LL. AA. RR. Madame la dauphine et Madame la duchesse de Berry, toujours empressées d'encourager les établissemens utiles, ont plusieurs fois honoré de leur visite M. Gérard ; et leur auguste suffrage n'a pas peu contribué à le faire arriver au point de perfection qu'il a donnée à ses châles en tout pareils à ceux de l'Inde.

M. GOURRÉ,

Rue Neuve-Saint-Eustache, N° 8.

Successeur de M. Bosquillon dont les beaux châles avaient mérité la médaille d'argent à la dernière exposition, marche honorablement sur les traces de son devancier ; les beaux châles qu'il expose cette année en cachemire français, faits au nouveau travail, attestent qu'il ne néglige aucune des améliorations qui ont ajouté au mérite intrinsèque et à la perfection de cette belle branche d'industrie.

Ses châles sont en général remarquables par un bon choix de dessins et une belle fabrication.

M. FRÉDÉRIC HÉBERT,

Rue du Mail, N° 29.

Par ses grandes connaissances en fabrication et son bon goût, a puissamment contribué à la perfection qu'ont acquise nos châles ; les produits de sa fabrique se font généralement remarquer, et l'on y distingue surtout un châle carré jaune à rosaces, et un blanc long, tous deux d'un bon genre de dessin oriental, qui maintiennent, concurremment avec ses autres châles, la réputation distinguée de ce fabricant.

MM. HENNEQUIN ET CIE,

Rue de Cléry.

Ces fabricans qui s'étaient exclusivement occupés de la fabrication des châles de laine pour la France et pour l'étranger, exposent cette année, pour la première fois, une jolie collection de très-beaux châles cachemires français, fabriqués au nouveau travail, dans leur atelier particulier. Leur premier pas dans ce genre de fabrication est très-remarquable par la perfection qu'ils ont donnée d'emblée à leurs châles pour la richesse des dessins, la finesse et la régularité des tissus.

M. CH. JOURDON.

Expose pour la première fois des châles de laine et des cachemires français ; tous sont remarquables par une belle et bonne fabrication. Ses dessins sont choisis avec goût et parfaitement exécutés.

MM. JUILLERAT ET DESOLME,

Rue Neuve-Saint-Eustache, N° 25.

Exposent une belle collection de châles qui se recommandent par la beauté des dessins, la bonne fabrication et la modération de leurs prix.

On distingue particulièrement dans leur exposition un châle cachemire espoliné sans envers, parfaitement exécuté et d'un beau travail, supérieur à celui de l'Inde.

MM. ETIENNE LAINNÉ ET CIE,

Rue Neuve-Saint-Eustache, N° 25.

Cette maison déjà avantageusement connue par les beaux châles qui lui avaient valu la médaille de bronze à la dernière exposition,

Expose cette année des nouveaux produits de ses ateliers, remarquables par la richesse et la variété des dessins et leur belle exécution au nouveau travail : on distingue surtout un châle rayé à bordure, et un petit sautoir blanc, espolinés à la manière de l'Inde.

Un châle noir long, arlequiné, levé sur un cachemire de l'Inde.

Un autre long, violet foncé, composé d'après le dessin d'une écharpe venue de l'île de Java, riche de plus de vingt nuances.

Un noir, fond plein, fabriqué à l'imitation du travail de l'Inde.

Enfin un cinq-quarts long, rayé, dont la savante combinaison atteste les grandes connaissances de ces Messieurs en ce genre de fabrication.

M. LAISNEY.

Expose pour la première fois des châles de laine et de cachemire français au nouveau travail. — La beauté de ses dessins et les soins qu'il donne à sa fabrication, assignent à ce fabricant un rang distingué.

MADAME Vᵉ LEGRAND LEMOR.

Cette maison, connue depuis long-temps par les beaux produits de sa fabrique qui lui ont valu la médaille d'argent à la dernière exposition, maintient honorablement la réputation qu'elle s'est justement acquise.

Elle suit avec distinction tous les progrès et les améliorations de la fabrication, et les châles qu'elle a présentés aux diverses expositions, s'y sont toujours fait remarquer par un heureux choix de dessins, une belle et bonne fabrication et une grande modération dans les prix.

M. MASCRÉ,
Rue Bourbon-Villeneuve.

Ce fabricant dont les produits paraissent pour la première fois à l'exposition, fabrique

Des châles de laine ;

Des châles de cachemire, chaîne de soie ;

Et des châles cachemires français.

Tous ces divers articles se recommandent par un bon choix de dessins variés, et par leur belle exécution.

M. MAUPETIT,
Rue Neuve-d'Orléans, Nᵒ 18.

Ce jeune fabricant, honoré de la médaille d'argent à la dernière exposition pour les beaux châles à fleurs naturelles, qui l'avaient élevé au premier rang dans cette fabrication, vient encore de surpasser ce qu'il avait fait de mieux : sans sortir de son genre, il est parvenu, à l'aide d'un nouveau procédé, à fabriquer une étoffe nouvelle en laine, à l'imitation de ce qui se fait de plus beau et de plus frais à la manufacture royale de Beauvais. — Le bouquet, la guirlande et la couronne de fleurs qu'il a exposés, ne laissent rien à désirer pour le bon goût, l'éclat et la solidité des couleurs.

La douceur du prix auquel il peut établir ce nouvel article, ne permet pas de douter qu'il sera accueilli avec empressement.

La fabrique de châles, enrichie de ce nouveau genre de fabrication, devra à M. Maupetit, un accroissement de prospérité.

M. PIÉDANA,

Rue Neuve-Saint-Eustache.

Exposant pour la première fois, présente des châles de laine, fabriqués en très-belle matière, et d'une très-grande perfection pour les tissus.

On remarque, dans son exposition, une très-belle rosace sur un fond noir, et plusieurs autres châles parfaitement fabriqués.

M. REY,

Rue Sainte-Apolline, N° 13.

La médaille d'or et la décoration que ce fabricant a obtenues à la dernière exposition en récompense des superbes châles qu'il avait présentés, l'ont animé d'une nouvelle ardeur pour le perfectionnement de cette espèce de fabrication; ne comptant pour rien les sacrifices pécuniaires ni les peines, son patriotisme lui a fait tenter de nouvelles routes, et les heureux essais qu'il présente cette année, lui assurent des droits nouveaux à la reconnaissance nationale comme écrivain distingué, manufacturier habile et citoyen précieux.

Ses châles de cachemire français faits au nouveau travail soutiennent le premier rang auquel il les avait élevés. Il a vaincu toutes les difficultés de l'art en parvenant à exécuter dans la perfection, des châles espolinés, dont il nous fait généreusement connaître les procédés de fabrication par le métier qu'il fait travailler sous nos yeux; et, en nous présentant des cachemires fabriqués sans envers, il nous montre qu'il a surpassé tout ce qui se fait de plus beau dans l'Inde.

MM. J.-B. RICHARD ET CIE,

Rue Neuve-Saint-Eustache.

Cette maison, déjà connue avantageusement par les beaux châles sortis de ses ateliers, réunit à sa première exposition plusieurs articles :

Des châles de laine;

Des châles cachemire et soie;

Des châles cachemire français au nouveau travail.

Parmi ces derniers on en remarque deux très-beaux, dont l'un à rosaces et coins, et l'autre, dit arlequin, d'un genre nouveau, exécuté par un nouveau procédé.

Les tissus mérinos qui figurent aussi à leur exposition, tant ceux pour vêtement d'homme que ceux pour l'usage des dames, sont parfaitement fabriqués; ils réunissent à la beauté des tissus une très-grande finesse qui leur fait produire jusques à 24 croisures au quart de pouce.

SAINT-ESTIENNE,

Rue Neuve-Saint-Eustache, N° 32.

L'auteur de cet ouvrage a eu essentiellement en vue d'attirer les regards du gouvernement et de la fabrique en général, sur l'économie qu'il était convenable d'apporter à la fabrication de tous les articles, afin de faire tête à nos rivaux et de faciliter nos débouchés.

Il entre aussi dans son système que les articles de peu de valeur, étant ceux dont la consommation est la plus répandue, il était utile d'encourager et d'exciter plus que jamais toutes les industries, même celles qui s'exercent sur les objets les plus ordinaires, attendu qu'elles sont à l'usage du plus grand nombre, et fournissent nécessairement une plus vaste carrière au commerce d'exportation. En conséquence à côté de ses châles de laine qu'il espère faire remarquer plutôt par le bon choix des dessins nouveaux dont il a plusieurs fois fourni des modèles à tous ses confrères, que par la supériorité de sa fabrication, il expose d'abord :

Un châle long, le seul remarquable de toute l'exposition, par la nouveauté du dessin ;

Un châle 3/4 de laine, dit escot, imprimé, à 2 f. 50 c.

Un châle 5/4 ponceau, fleurs naturelles, à 20.

Un long ponceau, de 2 au 1/2. . . . . . à 45.

Dont il fait un très-grand débit pour les deux continens de l'Amérique.

On pourra remarquer aussi avec intérêt, dans son exposition, des robes d'une nouvelle fabrication, de l'invention de M. Grégoire, dites en tissus circulaires. Cette étoffe est fabriquée de manière à ce que le bas de la robe soit naturellement et sans qu'il soit besoin d'y ajouter des pointes en bas ou de rien retrancher vers le corsage, de 2/3 plus large que le haut, ce qui donne à la taille le plus grand avantage et en augmente l'élégance par l'effet du dessin, qui s'agrandit en même temps que l'étoffe, à mesure qu'il descend vers le bas.

Il pourrait paraître extraordinaire que je ne dise rien des châles de MM. Ternaux et fils, s'il n'était constant qu'on ne voit aucune exposition de ceux de ce fabricant dans les salles destinées aux produits de ce genre d'industrie, où leur rapprochement permet aux connaisseurs d'en faire la comparaison.

MM. les Fabricans

DE CHALES DE LAINE ET DE CACHEMIRES

DE LA VILLE DE LYON.

Je m'abstiens de parler des divers produits de ces Messieurs, exposés cette année,

Attendu que, dans l'intérêt de cette ville célèbre par la beauté, la richesse, la variété et l'immense quantité des étoffes qui s'y fabriquent, j'estime que l'introduction de la fabrication des étoffes en laine ou en cachemire, matières dont l'emploi est si différent de celui de la soie, ne peut que nuire et porter un grand préjudice à la perfection des ouvrages faits avec cette matière, en gâtant la main des ouvriers habitués, dès leur enfance, et de père en fils, à ne travailler que sur la soie.

Dessins pour Châles.

M. LAURENT, DESSINATEUR.

A exposé, sous verre, une collection de dessins cachemire et fleurs naturelles, qui se recommandent autant par une belle composition que par leur bonne mise en carte.

La fabrique de châles est redevable à ce jeune artiste de la perfection où elle est arrivée pour les fleurs naturelles.

SOIERIES.

J'ai déjà dit, dans le cours de cet ouvrage, que nos provinces du midi étaient à même de nous fournir, par la suite, presque toutes les espèces de soie nécessaires pour alimenter nos fabriques, quel que soit l'accroissement qu'elles peuvent prendre. Il est essentiel, pour arriver là, d'encourager la culture des mûriers. Elle était déjà tellement répandue en Provence, que j'ai vu, dans les années qui ont précédé la révolution, et même jusque vers le commencement de ce nouveau siècle, les cultivateurs de ces contrées réduits à arracher ces arbres, qui n'étaient plus que d'un très-faible produit, attendu le bas prix de la soie, tombée alors, au grand marché de la foire de Beaucaire, à 15 et 16. fr. la livre, poids du pays. Il est vrai que l'éducation des vers à soie, bien moins soignée et perfectionnée, ne donnait pas des produits si certains ni si avantageux qu'à présent, puisqu'une once de grain ne rendait, année commune, que 40 l. de cocons, tandis que maintenant elle en rapporte de 75 à 80 livres. Cet accroissement de produit suffit pour faire ouvrir les yeux au cultivateur et lui prouver que le prix de la soie, fût-il encore de 15 fr. la livre, comme à ces foires de Beaucaire, dont nous venons de parler, il trouverait dans l'excédant du produit, un motif puissant d'intérêt pour cultiver les mûriers, en planter de nouveaux et profiter des encouragemens du gouvernement.

On interpréterait mal mes idées, si on s'imaginait que j'ai voulu dire que les mûriers et les vers à soie ne pouvaient réussir que dans le midi de la France ; j'ai dit, et je persiste à croire, qu'il n'est pas de contrée en France où il soit plus utile d'encourager les plantations de mûriers, l'éducation des vers à soie, et tout ce qui est relatif à ce genre d'industrie, exercée depuis long-temps dans ce pays, où elle sert de gagne-pain à une nombreuse population, qui ne connaît aucune autre espèce de fabrication et d'emploi de ses bras.

La fabrication des étoffes de soie est un objet si majeur, qu'il ne serait pas trop d'un volume entier pour parler de son étendue et de son importance. La diversité des articles auxquels on emploie si habilement cette belle matière, exigerait un ouvrage particulier.

Je me bornerai à dire que les fabriques de Lyon qui, depuis tant de siècles, versent dans le monde entier des produits d'une beauté et d'une magnificence auxquels il n'y a rien de comparable, ne brillent pas moins par les étoffes d'une plus simple fabrication.

Depuis les fils ou les brocards d'or, qui s'exportent dans l'Inde et dans le Levant, jusques aux tissus les plus légers, qui se répandent dans toutes les contrées, tout atteste que cette ville exerce, sans rivalité, la plus belle branche d'industrie qu'il y ait au monde.

En vain objecterait-on qu'il se fait de très-belles étoffes unies en Angleterre, en Allemagne et en Italie ;

4

en vain dirait-on aussi que dans la première de ces contrées l'emploi des mécaniques donne une grande perfection aux étoffes et diminue considérablement les frais de fabrication. En admettant que ces argumens conservent toute leur force, il sera facile de les réfuter, en disant que, s'ils sont fondés, le génie des fabricans de Lyon ne laissera pas long-temps les étrangers jouir seuls de cet avantage.

A Creveldt, et dans plusieurs autres villes d'Allemagne, quelques maisons, à l'aide d'une fortune colossale, peuvent bien établir une concurrence dans les étoffes unies, avec les petites fabriques de Lyon; elles peuvent bien lui ravir quelque vente dans ces contrées où les produits de leurs manufactures circulent exempts des droits d'entrée, qui pèsent sur les articles venant de Lyon; les fabriques de cette ville auront aussi à souffrir en Italie par les obstacles qu'on y met à l'introduction des soieries étrangères : mais la consommation qui va toujours croissant en France et dans l'Amérique, remplira complètement cette petite lacune; et il demeure constant qu'en fait d'étoffes riches, de broderies, ou seulement d'articles de goût, c'est Lyon qui fournira toujours aux besoins de l'univers.

Les fabriques de Tours qui, par suite de la révolution, avaient perdu une partie de leur éclat, le reprennent aujourd'hui plus vif que jamais; et, si l'émulation, qui anime les fabricans de cette ville célèbre par la beauté de ses belles et riches étoffes pour meubles, est favorisée en France, si nos grands seigneurs en composent leurs ameublemens, il n'y a pas de doute que le goût français, qui exerce un si puissant empire, ne fasse répandre partout les superbes produits des fabriques de cette ville.

Nos rubans de Saint-Étienne et de Saint-Chamond sont et seront toujours recherchés partout avec empressement; le génie des fabricans de ces villes, qui ne se lasse pas de produire continuellement des variétés de toute espèce, ne permet à aucune nation de pouvoir nous imiter pour les rubans de fantaisie.

Avignon ne craint pas de concurrence pour ses beaux florence.

Nismes voit accueillir partout avec empressement ses étoffes légères, d'un goût charmant, qui change et se renouvelle sans cesse.

Nos tuls de soie sont admirés et recherchés dans tous les pays du monde.

Nos gazes, qu'on ne saurait imiter nulle part, sont d'un usage universel.

Enfin le commerce de soieries semble exclusivement dévolu à la France par la Providence et le génie de ses habitans.

LA DRAPERIE.

Cet article, devenu aujourd'hui d'un usage si général, nous est exclusivement fourni par nos manufactures répandues sur tous les points de la France. Elles consomment non seulement presque toutes nos laines, mais encore une grande quantité de celles que nous faisons venir d'Espagne, de la Pouille, de la Calabre, et quelque peu d'Allemagne.

Nous tirons aussi du Levant beaucoup de laines pour matelas et pour les draperies communes qui se fabriquent dans le midi.

Indépendamment des petites fabriques qui fournissent aux besoins de chaque contrée où elles sont établies, nous livrons une très-grande quantité de draps aux étrangers.

Le Languedoc envoie les siens en Espagne, en Italie, dans le Levant, et fournit aussi à Paris du casimir et autres petites étoffes. Les draps des fabriques d'Elbeuf, devenues aujourd'hui les plus importantes de l'Europe, ont acquis une telle perfection et une si grande supériorité, qu'ils ont tout-à-fait éclipsé ceux de la Belgique qui, à une époque peu éloignée, leur étaient préférés. La ville d'Elbeuf voit accroître ses ateliers et fermer ceux de la Belgique; les produits de ses fabriques sont aujourd'hui exportés dans toute l'Europe, et recherchés même par les Anglais, malgré toutes les entraves mises à leur introduction par les gouvernemens étrangers. Ils sont accueillis de préférence dans l'Amérique et dans l'Inde; on vient même tout récemment d'en faire une expédition considérable pour la Chine, et malgré la répugnance de ce peuple pour accueillir ce qui ne sort pas de ses mains, tout porte à croire que cet essai ne sera pas infructueux.

La fabrique de Louviers, long-temps supérieure, a beaucoup perdu de son éclat par la grande amélioration de la fabrication d'Elbeuf.

Celle de Sedan a, par contre, conservé, et même beaucoup étendu sa réputation et le débit de ses produits; ses draps noirs, généralement reconnus pour être les plus beaux qui se fassent dans le monde, sont justement appréciés et portés par tous ceux qui se piquent d'être vêtus de ce qui se fait de mieux. Les agrandissemens et l'accroissement de cette fabrique soutiennent avec honneur le premier rang où elle s'est élevée depuis long-temps, et attestent sa prospérité.

La prime d'exportation de 10 pour 0/0 dont jouissent les draps, est un puissant stimulant pour la fabrication de cet article, et paraît suffire au moment pour en faciliter le débouché. Il est essentiel que la douane se tienne bien en garde contre les fausses évaluations d'un article si difficile à être justement évalué.

LA TOILERIE DE FIL OU LIN.

Il s'est fait de tout temps beaucoup de toiles en France. On pourrait presque dire que chaque département fournit aux besoins de sa consommation dans les qualités ordinaires ; malgré cela nous faisions aussi venir beaucoup de toiles fines de la Belgique et de la Hollande, et quelques toiles communes des environs de Gand. Celles-ci étaient en grande partie revendues en Espagne et en Italie. Depuis que de forts droits ont été mis à l'introduction de ces toiles étrangères, il n'entre plus en France que quelques pièces de qualités très-supérieures. Nos fabriques, plus perfectionnées, et le grand usage qu'on fait des toiles de coton, fournissent maintenant à nos besoins, et à quelque exportation, en Espagne et en Italie, des toiles de Voiron (1).

Les toiles de lin qui se fabriquent dans les environs de Cambray et de Valenciennes, connues sous le nom de batiste, sont les plus belles toiles du monde ; recherchées partout, il s'en fait une très-grande exportation en Angleterre et dans les deux continens de l'Amérique.

La Bretagne fournissait autrefois à l'Espagne pour environ huit millions de toiles, connues sous le nom de platilles, qui passaient en presque totalité dans ses possessions d'Amérique. Depuis qu'elle les a perdues, la misère, suite de l'agitation et des troubles de cette vaste contrée, jointe aux calamités qui ont désolé la péninsule, ont porté un préjudice notable à cette fabrication, qui ne compte plus aujourd'hui que pour environ deux millions.

______

(1) En Dauphiné.

TISSUS DE COTON.

L'Inde était autrefois en possession de nous fournir presque tous les tissus faits en coton ; il en venait aussi quelque peu du Levant en basse qualité dont la majeure partie était livrée aux fabriques d'impression du midi , d'où elles se répandaient depuis Marseille jusques à Lyon et à Bordeaux. On imprimait aussi à Rouen , à Nantes, à Beauvais, en Alsace, beaucoup de toiles, particulièrement connues sous le nom de guinées et garras , apportées à Lorient par la compagnie des Indes : les tissus superfins , connus sous le nom des mousselines, répandus par elle dans toute la France , suffisaient à la consommation de cet article, à l'aide de quelques balles que les Anglais faisaient introduire en France.

Jusque là , nos fabriques ne s'étaient presque pas exercées à faire des tissus tout coton ; à Rouen, on fabriquait beaucoup de toiles chaîne fil , trame coton , rayées ou à carreaux , connues sous le nom de siamoises qui ont eu long-temps un grand débit en France , en Italie et en Espagne ; ce commerce est aujourd'hui fort diminué ; on faisait aussi à Rouen quelques toiles unies de la même espèce ; mais cette fabrication avait encore mieux réussi à Troyes qui en fournissait la majeure partie de la France.

Les Suisses qui, à l'exemple des Anglais, s'étaient

mis à fabriquer des toiles fines imitant les mousselines de l'Inde, nous fournissaient déjà la majeure
partie des articles pour rideaux unis ou brodés, lorsque le traité de commerce de 1784 ouvrit la porte
aux produits des fabriques anglaises qui inondèrent
la France; on essaya alors dans quelques villes de
faire des tissus tout coton. La révolution ayant ensuite fait supprimer la compagnie des Indes et amené
la guerre avec l'Angleterre, la Suisse fournit seule
à nos besoins de ce genre, tant par le produit de ses
fabriques qui prirent en ce temps-là un grand accroissement, que par les articles qu'elle tirait d'Angleterre.

Cependant le haut prix auquel nous étaient livrées
ces marchandises fit ouvrir les yeux à plusieurs fabricans français qui se mirent peu à peu à fabriquer
à Saint-Quentin, à Rouen, à Paris et à Tarare, pour
suppléer tout ce qui nous venait dans l'origine, des
Indes, puis de l'Angleterre, et en dernier lieu, de la
Suisse. A l'aide du système d'interdiction fortement
en usage alors, ces diverses fabriques obtinrent les
plus grands succès, et elles ont pris maintenant un
tel accroissement qu'elles font face à tous les besoins
de notre consommation qui est prodigieusement aug-
mentée par suite du bas prix auquel on obtient tous
les articles faits en coton. Il nous vient bien encore,
par fraude, quelques pièces de percale unie ou de
mousseline anglaise, et même de l'Inde; mais cette
introduction de produits étrangers est plus que balan-

cée par l'exportation de nos belles impressions de
Mulhouse, bien supérieures à toutes celles qui se font
en Europe, et par celle de nos guingans de Saint-
Quentin qui l'emportent aussi sur tout ce qui se fait
de pareil à l'étranger, par le goût, la vivacité et la
solidité des couleurs.

Il est maintenant généralement reconnu que les
Anglais conservent encore, à l'aide de leurs nombreuses machines, une supériorité pour toutes leurs
toiles en coton unies. Mais dès que cette toile est sus-
ceptible d'un travail manuel quelconque de teinture,
d'impression ou de broderie, alors nos fabriques présentent un avantage réel en raison de la main-d'œuvre
à meilleur marché chez nous et du goût français auquel nos rivaux ne peuvent atteindre.

Au reste, la filature et le tissage des toiles de coton
unies sont aujourd'hui si connus et si faciles que
chaque nation, chaque ville, et même chaque ménage
pourra en produire pour ses propres besoins, à l'aide
des mécaniques si simples et si peu coûteuses que
nous voyons mettre en œuvre sous nos yeux à l'exposition de cette année.

MERCERIE.

Nos fils et nos rubans de fil sont supérieurs à tout
ce qui se fait en ce genre dans l'étranger ; nos fabriques en fournissent au-delà de nos propres besoins,

et nous en exportons beaucoup en Espagne, en Italie et en Amérique. Il nous vient bien encore quelque peu de rubans de laine fabriqués en Allemagne ; cet article de peu de valeur dont la consommation devient moindre chaque jour, n'avait pas jusqu'ici fortement tenté l'industrie française ; on commence pourtant à en faire dans quelques contrées, la réussite des nouvelles fabriques qui se sont établies nous mettra bientôt à même, non-seulement de n'avoir plus besoin d'en faire venir d'Allemagne, mais encore d'en fournir aux étrangers qui trouveront aussi en France toute espèce de rubans de laine de belle et bonne qualité à meilleur marché que partout ailleurs.

TANNERIE.

Nous faisons face à nos immenses besoins de cet article à l'aide des cuirs de Buénos-Aires et de ceux de Russie ; nos fabriques de Tours et du midi de la France ont cessé d'en fournir au royaume de Naples qui nous en faisait une grande consommation, avant que le gouvernement de ce pays eût mis de si forts droits à l'entrée des cuirs dans ses états, qu'il n'est plus possible de les y faire admettre en concurrence des fabriques qui se sont établies sur les lieux. Ce que nous avons perdu de ce côté est en partie compensé par l'accroissement de notre exportation de corroyerie et de mégisserie ; la préparation de ces articles a atteint chez nous un tel degré de supériorité que nous fournissons à tous nos voisins, aux Anglais eux-mêmes tout ce qui se fait de plus parfait en peaux et en maroquins. Comme on a presque entièrement cessé d'élever des chèvres en France, nous sommes obligés de faire venir cette espèce de peaux de la Suisse, de la Corse, de la Sardaigne et du Mogador.

Nulle part on ne travaille si bien qu'en France les peaux de mouton, d'agneau et de chevreuil : aussi sommes-nous depuis long-temps en possession de fournir des gants à toutes les nations. Depuis le nouveau perfectionnement de cette fabrication, d'où il résulte que l'usage en est devenu pour ainsi dire universel, cette branche d'industrie a beaucoup gagné : il s'en fait aujourd'hui une consommation si considérable partout, que nos fabriques ont peine à y suffire.

Nous exportons en Amérique une immense quantité de souliers de femme qui s'expédient de tous nos ports de mer, et particulièrement de Paris où les ouvriers sont devenus si habiles qu'ils en font jusqu'à 12 paires par jour : nous commençons aussi à exporter quelques paires de bottes et de souliers d'homme.

CHAPELLERIE.

La chapellerie de France, tant estimée depuis si long-temps, a, par ses nouveaux progrès, considérablement accru sa réputation.

La perte de nos colonies a occasionné une diminu-tion sensible à l'exportation des chapeaux communs dont se fournissent encore celles qui sont restées à la France. Les fabriques qui se sont élevées chez nos voisins, encouragées et soutenues par de forts droits, empêchent aussi l'introduction, chez eux, de nos chapeaux ordinaires ; mais, malgré ces entraves, ce que nous faisons de beau en ce genre est recherché et préféré partout, même par les Anglais.

Il est à remarquer que les chapeaux que nous fai-sons en France avec nos peaux de lièvre et de lapin, sont généralement reconnus plus beaux et meilleurs que ceux faits en Angleterre avec la peau de castor que leur fournit exclusivement le Canada.

Nous avons de plus l'avantage de la beauté des formes et de la bonne tournure qui fait préférer par-tout le chapeau français.

FONTE, FER, ACIER, TOLE, FER-BLANC.

Nous sommes parvenus à n'avoir plus besoin de tirer du dehors ces divers articles, et à les fabriquer aussi bien et même mieux que ceux qui nous les fournissaient il n'y a pas bien long-temps. Si nous n'en exportons pas encore à l'étranger, c'est que le combustible qui entre pour beaucoup dans cette fa-brication est bien plus cher encore chez nous que chez nos voisins. Si les nombreuses recherches que l'on fait par toute la France de nouvelles mines de houille, et si des chemins de fer nous mettent à même de pouvoir chauffer à bon compte nos fourneaux, nous ne tarderons pas à présenter au commerce d'exportation des produits qui seront accueillis de préférence par leur belle et bonne confection.

Nous serons un peu plus long-temps à perfectionner nos aciers, attendu que les Anglais, exercés depuis un siècle à ce genre de travail, y emploient le meilleur fer de Suède que nous ne pouvons encore nous procurer avec autant de facilité qu'eux, vu qu'ils exploitent en personne ces contrées. Au surplus, l'emploi de cet acier superfin n'est déjà plus réduit qu'aux outils les plus déliés et les plus précieux; car, pour tout ce qui est de l'usage ordinaire, notre qualité d'acier est d'un fort bon emploi, et suffit pour nous donner une excellente taillanderie. Notre coutellerie est maintenant supérieure en général à celle d'Angleterre; notre serrurerie est devenue la première de l'Europe.

L'énumération du petit nombre d'articles que la prompte émission de mon ouvrage m'a permis de traiter suffit pour prouver que les nouveaux procédés et les perfectionnemens obtenus, depuis la dernière exposition, ont porté au plus haut degré l'industrie française, en enlevant successivement aux

Anglais, aux Belges, aux Allemands et aux Suisses, quelques uns des articles où nous étions leurs tributaires. Si quelques difficultés résistent encore à nos efforts, il nous est permis d'augurer des prodiges déjà opérés, qu'elles ne tarderont pas à être vaincues, par l'émulation de toutes les contrées de la France, à l'exemple de celle dont la capitale donne la preuve en enrichissant l'exposition de cette année, de six cents articles de plus que la précédente.

Quand on compare le point de départ de nos progrès si étonnans avec la situation où se trouvaient les Anglais à l'époque de la restauration; quand on considère que douze ans se sont à peine écoulés, et que déjà malgré les sommes énormes que la France a été obligée de payer, les seules ressources de son agriculture et de son commerce ont pu satisfaire à l'énormité de ses charges, à l'accroissement et l'embellissement de ses villes, à l'achèvement et la création d'une infinité d'établissemens publics, à la confection de divers canaux et de nouvelles routes, à la découverte d'une infinité de nouvelles mines, à la création d'innombrables usines et machines, à la multiplicité prodigieuse des manufactures et ateliers qui se sont élevés dans tout le royaume, on ne peut s'empêcher d'éprouver le plus vif sentiment d'admiration et de reconnaissance pour cette glorieuse famille de nos rois, à laquelle la Providence semble avoir exclusivement délégué le pouvoir de faire fleurir et fructifier tous les germes de prospérité dont elle a favorisé notre heureuse patrie.

Mais si un si court espace de temps a suffi pour opérer tant de prodiges, et nous faire arriver au point où nous sommes, si le port de Marseille, le centre du commerce de la Méditerranée, a repris son ancienne splendeur, en fournissant comme par le passé à l'Italie, à la Suisse, à une partie de l'Allemagne, de l'Espagne et de la Turquie, le café, le sucre, les épiceries, et même les blés qu'il voit affluer de toutes parts à son entrepôt; s'il a augmenté l'ancien débouché de nos vins, eaux-de-vie et fruits ; de nos soieries et draperies du Languedoc; de nos papeteries et de tous les divers produits de nos manufactures en tous genres; si, par le résultat de nos savantes découvertes en chimie, il n'est presque plus besoin de tirer les drogues de teinture et médicinales du Levant, les soudes de Sicile et de l'Espagne ; si les rafineries de sucre, les fabriques de savon et celles de papeterie, ont pris un accroissement au moins triple de ce qu'elles ont jamais été dans nos temps les plus prospères ; si nos rapports avec l'Egypte qui avoisine la terre promise, et qui n'est séparée que d'un bras de mer des Grandes-Indes, devenant chaque jour plus intimes, y font introduire le goût de nos vins et eaux-de-vie, de nos bijoux, de nos meubles et d'une infinité de nouveaux objets sortant de nos fabriques, et même jusques à des vaisseaux construits dans nos chantiers ;

Si le Havre, devenu aujourd'hui un des points les plus importans pour le commerce de toutes les denrées coloniales et de l'Inde, voit flotter dans son port les pavillons de toutes les nations qui viennent apporter à son immense marché leurs diverses marchandises, sûres d'y trouver en tout temps un débouché facile et des chargemens avantageux des produits des manufactures de France, sans que la prospérité de cette ville naissante ait diminué la masse d'affaires que faisaient auparavant les villes de Rouen, de Nantes, de la Rochelle, de Bordeaux et de Bayonne;

Si enfin jusqu'ici les Français, peu adonnés au commerce, qui n'était guère pratiqué que dans nos ports de mer et dans quelques villes manufacturières, se lancent aujourd'hui sur tous les points de la France, avec une ardeur non pareille, dans cette utile carrière, soutenus et encouragés par une administration sage et éclairée qui agrandit toutes les voies en écartant tous les obstacles,

Que ne doit-on pas attendre de ce concours unanime d'une nation qui, depuis vingt siècles, ne connut aucun obstacle à ses projets, chaque fois qu'elle fut réunie sous un chef qui, semblable à celui que nous avons le bonheur de posséder, sut la bien gouverner ?

Empressons-nous donc de seconder ses vues, de l'investir d'une confiance entière, elle rejaillira bientôt sur toutes les classes du commerce; le capitaliste

rassuré par la terrible leçon que viennent de recevoir
les commerçans, et par l'épuration qui en a été la suite,
ne craindra plus de leur confier son argent : l'intérêt
qu'il lui rapportera l'encouragera à prendre part aux
établissemens qu'il aura facilités, et bientôt les capitaux, même les plus modiques, se répandant sur
tous les genres d'industrie comme une rosée bienfai-
sante, cesseront de rester improductifs dans les mains
des particuliers, et suffiront pour donner à notre
commerce une masse de fonds capable de fournir à
tous ses besoins.

Il serait nécessaire aussi que la banque de France,
se pénétrant mieux du but de son institution, sentît
que les faveurs que lui a accordées le gouvernement
lui imposent le devoir et la nécessité de ne pas retirer
de la circulation, dans les momens difficiles, les
trésors qu'il faudrait alors répandre avec beaucoup
plus d'abondance. Le mal qu'elle fait au commerce,
en cessant ou diminuant ses escomptes, est incalcu-
lable : qu'on ne dise pas que la prudence exige cette
mesure. En admettant un pareil principe, on pourrait justifier toutes les rigueurs, toutes les injustices ;
on refuserait le lait à l'enfant qui vient de naître, les
vêtemens à celui qui est nu, les secours réclamés
par les malades.

Non, la banque de France ne doit pas en agir
ainsi : ses capitaux sont assez considérables, sa réserve ordinaire assez forte pour la tenir toujours à

couvert de l'orage, quelque violent qu'il puisse être. Dans les trois mois de temps qui sont la plus longue échéance des effets qu'elle tient en porte-feuille, elle aura toujours suffisamment de quoi faire face au retirement de ses billets. En mettant tout au pire, si, dans une circonstance qui, vraisemblablement, ne se présentera jamais, il résultait une perte quelconque sur les nombreuses non-valeurs qui pourraient lui rester en porte-feuille, serait-ce un motif suffisant pour adopter une mesure qui ébranle le commerce jusque dans ses fondemens ?

La banque de France, puisqu'elle rapporte habituellement des bénéfices à ses actionnaires, est, par le fait, un établissement de commerce qui doit subir les chances indispensables de cette profession. Si le commerçant qui n'opère que sur les lingots d'or et d'argent n'est pas exempt d'éprouver des pertes par suite de la variation du prix de ces valeurs matérielles, pourquoi la banque voudrait-elle être toujours à l'abri de toute espèce de pertes ? Si le gouvernement lui a accordé le privilége de battre monnaie par la création de ses billets, n'est-ce pas à la condition qu'elle subviendrait aux besoins du commerce, et le faciliterait dans les momens difficiles ?

Il est connu que la banque de France, indépendamment de son fonds capital, possède une réserve considérable, fruit de la portion des bénéfices qu'elle a déjà faits, en outre des dividendes répartis annuellement. A quoi bon cette réserve qui est elle-même un surcroît de fonds enfouis, si jamais elle ne doit éprouver de pertes ? Serait-ce parce qu'elle est sortie vierge de cette crise la plus terrible et la plus longue qui ait jamais affligé le commerce du monde, qu'on voudrait justifier la rigueur de ses principes ?

Non, tant de prudence et de circonspection s'allient mal avec le système de facilités qu'elle doit donner au commerce, seul but de son institution. Il serait à désirer que dans les momens difficiles elle l'aidât de ses ressources infinies. Elle pourrait alors accroître aussi le nombre de ses censeurs en appelant dans son sein des commerçans de classes différentes pour l'éclairer sur les diverses natures de valeurs offertes à l'escompte dans ces temps de crise.

Alors, elle ne refuserait plus, sous prétexte d'y reconnaître des symptômes de complaisance, des valeurs de marchands ou manufacturiers, tandis qu'elle ne redoute pas de recevoir des valeurs de banque ou de haut commerce qui portent avec elles la marque certaine de la pure complaisance.

Enfin, son refus d'escompte n'atteindrait plus une infinité de maisons intéressantes qui se trouvent gênées par ce fait et exposées à des sacrifices ruineux.

Il serait nécessaire aussi de réviser le Code de commerce, et notamment quelques articles principaux, entre autres les avances et anticipations sur marchandises. Tant que la France a vu le produit de ses manufactures borné à sa consommation, ou à celle de ses colonies, il a pu être utile de restreindre les avances en consignation, d'exiger qu'elles ne pussent être faites que d'une place à l'autre ; mais maintenant que les produits des fabriques établies dans nos grandes villes deviennent chaque jour plus considérables, ne convient-il pas d'en favoriser le plus grand développement possible, en les faisant participer aux avantages qu'elles ont droit de réclamer (1)? Il est certain que des abus infinis pourraient naître de cette faculté trop largement étendue ; mais sagement limitée et bien expressément définie, elle serait le complément du système d'encouragement des fabriques et manufactures qui pourraient alors se procurer des ressources pour étendre leur fabrication, puisqu'elles seraient à même d'attendre le moment favorable à la vente.

Je ne parle pas de la loi sur les faillites, le gouvernement et les tribunaux de commerce s'en occupent.

Pour achever la tâche que je me suis imposée, il ne me reste plus que quelques mots à dire sur les moyens de mettre à profit et de consolider tous nos avantages.

L'agriculture et le commerce ont essentiellement besoin de la paix et de la stabilité. Le commerçant est semblable en tout au laboureur, qui est obligé de

---

(1) Les tribunaux de commerce ont eu souvent occasion de se convaincre des dangers auxquels on s'expose alors qu'il faut qu'un fabricant ou manufacturier emprunte de l'argent sur ses produits.

travailler son champ et de l'ensemencer long-temps
avant de moissonner; il a, comme lui, besoin de se
donner beaucoup de peine et d'enterrer ses capitaux
avant de pouvoir réaliser les bénéfices qu'il attend.
L'expérience a appris au laboureur que l'arbre qu'il a
planté sera quelque temps avant de lui rapporter des
fruits; en attendant cet heureux moment, il ne cesse
de lui donner ses soins, de l'arroser de ses sueurs;
plein de confiance en la divine Providence qui ne l'a
jamais trompé, il n'écouterait pas celui qui viendrait
lui répéter chaque jour, en beaux raisonnemens, que
sa plantation ne produira jamais ni fleurs ni fruits :
il serait sourd à la voix de ce conseiller de sinistre
augure, qui ne l'entretiendrait que des dangers chi-
mériques auxquels peuvent être exposées toutes les
espèces de plantations; il finirait par lui interdire
l'entrée de sa chaumière, et bornerait sa sollicitude à
préserver sa plantation des orages, le seul fléau qu'elle
eût à redouter.

Cette sage conduite du laboureur doit servir de
modèle aux commerçans. Que le négociant se livre
sans crainte à son négoce, le manufacturier aux soins
de ses ateliers, le marchand à son débit; que tous,
également pleins de confiance en la prévoyante sagesse
du gouvernement qui veille sans cesse à tous leurs
intérêts, qui sont les siens, ne veuillent pas juger ce
qu'ils ne connaissent pas encore, d'après les fausses
et souvent perfides insinuations de ces feuilles men-

songères qui viennent altérer sa tranquillité en l'entretenant chaque jour de nouveaux sujets de crainte et de perturbation sans cesse renaissantes, qu'il attende paisiblement les fleurs et les fruits qui viendront couronner aussi ses sages entreprises. Soyons dociles à la naïve leçon du bon La Fontaine : fouillons, cultivons notre bel héritage, *des trésors sont cachés dedans*, et, plus heureux que les Anglais, nous y trouverons de quoi donner pour siége la balle de laine (1) au président de la chambre des députés, et celle de soie au président de la chambre des pairs.

(1) Le lord chancelier d'Angleterre a pour siége d'honneur une balle de laine.

FIN.

ÉVERAT, IMPRIMEUR, RUE DU CADRAN, N° 16.